# 飾り毛布 花毛布 新38選

あたたかい
　日本のおもてなし

上杉恵美　吉田孝志　森本泰行　著

海文堂

# 目 次

| | |
|---|---|
| はじめに | 3 |
| 飾り毛布・花毛布の歴史 | 4 |
| 飾り毛布・花毛布の種類 | 8 |
| 毛布コレクション | 12 |
| 飾り毛布・花毛布の作品集（38作品） | 14 |
| 飾り毛布・花毛布の折り方 | 41 |
| 　折り始めの説明 | 42 |
| 　飾り毛布・花毛布の基本型6種 | 43 |
| 　美しく仕上げるコツ | 44 |
| 　飾り毛布・花毛布の折り方（38作品） | 46 |
| 会社と折り手紹介 | 115 |
| 　商船三井客船 / にっぽん丸花毛布Gallery | 116 |
| 　マルエーフェリー / 船で巡る(1) 奄美大島 | 120 |
| 　奄美海運 / 船で巡る(2) 喜界島 | 124 |
| 　宇和島運輸フェリー / 船で巡る(3) 八幡浜・別府 | 127 |
| 　神新汽船 / 船で巡る(4) 神津島 | 130 |
| 　日本海洋事業 | 133 |
| 　三島村村営フェリー | 136 |
| 　十島村村営フェリー | 138 |
| 　海技教育機構(旧航海訓練所) | 140 |
| 　ホテルパラディスイン相模原 | 142 |
| 海外クルーズ客船のおもてなし | 144 |
| 継承の取り組み | 145 |
| 　青函連絡船メモリアルシップ八甲田丸 | 145 |
| 　明海大学ホスピタリティ・ツーリズム学部 | 148 |
| 　神奈川県立海洋科学高等学校 | 150 |
| 飾り毛布・花毛布の展示船紹介 | 152 |
| 　氷川丸　摩周丸　帆船日本丸　エル・マールまいづる | |
| 折り方ページ 作品と折り手一覧 | 154 |
| 参考文献 / 資料提供・取材協力 | 156 |
| 謝辞 | 157 |
| 英文案内 | 158 |
| 動画の紹介 | 159 |

※ 会社名・事業所名は簡略化しています。
※「飾り毛布」は「花毛布」とも呼ばれ、本書ではそれらを、会社と折り手紹介ページを除いて、「飾り毛布・花毛布」と併記します。会社と折り手紹介ページでは、各船会社・ホテルで使われている呼称に従い、「飾り毛布」「花毛布」のどちらか一方を使用しています。

## はじめに

　飾り毛布・花毛布は、1枚の毛布を花や自然の風景、動物などの形に折って船室に飾る、日本船独自のおもてなしです。

　100年以上にわたり洋上で引き継がれてきた飾り毛布・花毛布は、船室に華やかさを添えよう、船にあるものを使ってお客様に喜んでもらおう、敬意と思いやりを伝えようという船員の創意と工夫から生まれました。

　本書では、現役船員や元船員の折り手による38種類の作品と折り方を、わかりやすく紹介します。ぜひ一度お手元にある毛布で、毛布がなければ大判のタオルや張りのあるひざ掛けなどで折ってみてください。本の後半では、飾り毛布・花毛布に関わっている船会社や組織・ホテルと折り手のプロフィール、飾り毛布・花毛布の継承に取り組む人々について紹介します。

　前著発行から4年が経ち、現在もこの伝統を引き継いでいる船への愛着と船員の皆様との交流が深まる一方で、飾り毛布・花毛布を提供する船との新たな出会いもありました。取材を続けながら積み重ねてきた、たくさんの記録と心温まる思い出。今回はそれを活かして、紙上でも船旅の楽しさを味わっていただけるようなページを作りました。

　「毛布コレクション」と「にっぽん丸花毛布Gallery」では、会社ごとに特徴のある毛布のデザインとバラエティに富んだ作品の数々をお楽しみください。「船で巡る」のページでは、取材先でのすばらしい体験にもとづき、各航路の美しい自然やそれぞれの歴史、地元の料理や特産物などを紹介します。

　本書を通して、飾り毛布・花毛布の奥深さに触れ、船の文化や船の旅に興味を持っていただければ幸いです。船から生まれたこのおもてなしが、これからも永く継承されていくことを、心から願います。

2016年10月<br>
上杉恵美　吉田孝志　森本泰行

# 飾り毛布・花毛布の歴史

　これまで発見された飾り毛布・花毛布のもっとも古い記録は、1901年発行の『郵船図会』で紹介された日本郵船の「春日丸」の客室図とその説明文です。

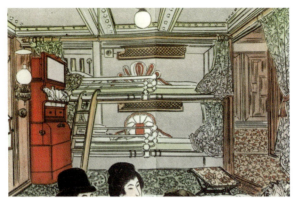

日本郵船豪州航路「春日丸」一等客室（『郵船図会』1901年）　（日本郵船歴史博物館提供）

　「毎朝給仕は、来たりて室内を清掃し、器物を整頓し、毛布及びタオルは、之を美しき花形に結びて去る、結び方に数種ありて、すこぶる優美なるものなり。」

（『郵船図会』pp.12-13）

　このことから飾り毛布・花毛布のサービスは、1900年頃、日本郵船の外洋客船で始まったと推測されます。1908年に運航が開始された青函連絡船には、日本郵船から旧国鉄に移籍した船員により、このサービスが伝えられたと思われます。

初代青函連絡船「比羅夫丸」特別室（1908年）　（鉄道博物館提供）

1920年代から1930年代にかけての日本の客船全盛期には、外洋航路と国内航路の船上のさまざまな等級の船室で、飾り毛布・花毛布が盛んに折られていました。

近海郵船樺太航路「千歳丸」乙二等広間
（1924年）
（鉄道博物館提供）

大阪商船台湾航路「扶桑丸」二等室
（1926年）
（鉄道博物館提供）

日本郵船シアトル航路「氷川丸」「日枝丸」「平安丸」三等船室（1935年）
（鉄道博物館提供）

毛布の折り方は後輩船員が先輩船員の折る様子を見ながら習得し、自らの創意と工夫で形を発展させる、という方法で代々継承されました。

　このように、日本船独自の客室サービスとして普及・定着してきた飾り毛布・花毛布でしたが、太平洋戦争を境に徐々に衰退していきます。そのおもな理由としては、１．戦争による日本船の壊滅的な被害、２．新幹線や飛行機などの交通手段の発達による長距離定期航路の廃止、３．業務の近代化・効率化、この３点が挙げられます。

　1970年代から1980年代にかけて、西日本の瀬戸内航路では、飾り毛布・花毛布のサービスを残しているフェリーがありましたが、それも徐々に廃止され、現在ではおもに本書で紹介している船舶で、この伝統がおもてなしとして活かされています。

名門大洋フェリー「フェリーすみよし」特等洋室
（1973年）

阪九フェリー「フェリー阪九」１等和室（1983年）

関西汽船「くるしま７」特等Ａ室（1983年）

ダイヤモンドフェリー「クィーンダイヤモンド」
特等室（1988年）

（以上写真４点の出典：露崎英彦『船のアルバム』　括弧内は撮影年）

飾り毛布・花毛布の歴史

　戦前・戦後の海運界の厳しい再編の中で、一貫して飾り毛布・花毛布の伝統を守り続けているのが、商船三井客船です。国際見本市船をチャータークルーズ船に改造して運航した「新さくら丸」(1981年〜1999年)や、2代目「にっぽん丸」(1976年〜1990年)、日本初の本格的なクルーズ客船として建造された「ふじ丸」(1989年〜2001年、2002年日本チャータークルーズへ移籍)では、各室に置かれた飾り毛布・花毛布が多くの船客たちを楽しませていました。同社が現在運航している3代目「にっぽん丸」でも、この伝統のおもてなしが継承され、スイートルームとデラックスルームに華やかさと温かみを添えています。

2代目「にっぽん丸」Aクラスルーム(1979年)

「新さくら丸」
上：3人室　下：Sクラスルーム(1981年)

「ふじ丸」スーペリアルーム(1991年)

(以上写真4点の出典：露崎英彦『船のアルバム』　括弧内は撮影年)

　一方、飾り毛布・花毛布は客船以外の船舶にも伝わり、現在も継承されています。
　日本海洋事業が運航する海洋調査船では、親会社である日本水産から移ってきた船員が、かつて南氷洋の捕鯨母船や北洋サケマス母船に乗船していた際に習得した飾り毛布・花毛布の技術を伝え、上級士官や首席研究員の居室に飾っています。
　また、1943年に設立された航海訓練所(現・海技教育機構)の練習船でも、上級士官の居室に飾り毛布・花毛布が飾られてきました。現在ではその機会は少なくなりましたが、一般公開や外部視察の際に船の伝統として披露されています。

# 飾り毛布・花毛布の種類

　飾り毛布・花毛布には、花の形、日本の伝統的な形、自然の風景を表す形、季節を表す形、海に関連する形、動物の形など、さまざまな種類があります。
　タイトルがついている作品は約70種類、特にタイトルがついていないものや複数の基本型を組み合わせたものを含めると、さらに多くの作品があります。

## 花 の 形

　毛布で作られる花の形には、「梅」「桜」「牡丹」「薔薇」「百合」「菊」などがあります。毛布の大きさを活かして花を2つ作る「**花二輪**」は、飾り毛布・花毛布の代表的な作品です。2つの花の形を変える、2つの花を前後に重ねる、2つの花をずらして置くなど、折り手それぞれの創意でたくさんのバリエーションが生まれます。

商船三井客船

青函連絡船

　「薔薇」は、船会社によって伝わる形が異なります。

日本海洋事業

商船三井客船

青函連絡船

## 日本の伝統的な形

　日本らしさを表現する飾り毛布・花毛布の代表的な形としては、「菊水」や「松竹梅」などがあります。

青函連絡船

## 自然の風景を表す形

　「富士山」「日の出と岩」「山と波」「初日の出」は船上から見える風景を再現したのでしょうか、シンプルで素朴な作品もあれば、雄大な景色を一枚の絵のようにまとめた作品もあります。

日本海洋事業

海技教育機構

海技教育機構

商船三井客船

9

## 季節を表す形

単調になりがちな船上生活に季節感を添えようと、その時どきの旬のものや季節を代表するものを形にした作品がいくつもあります。「**門松**」「**竹の子**」「**兜**」「**流れ星**」など、種類が豊富です。

商船三井客船

青函連絡船

宇和島運輸フェリー

ホテルパラディスイン相模原

## 海に関連する形

船のおもてなしにふさわしく、飾り毛布・花毛布には「**帆掛け舟**」「**二枚貝**」など、海につながるさまざまな形があります。

青函連絡船

商船三井客船

# 動物の形

「**マンタ**」「**カニ**」「**へび**」「**金魚**」「**くじゃく**」「**ひつじ**」など、大きく厚みのある毛布で作る動物は、折り紙とは違う存在感があります。

三島村村営フェリー

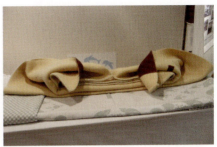
青函連絡船

神新汽船

商船三井客船

青函連絡船

# 毛布コレクション

マルエーフェリー
奄美海運

東海汽船　神新汽船

宇和島運輸フェリー

商船三井客船

青函連絡船

日本水産

航海訓練所（現・海技教育機構）

# 大輪 *Big Bloom*

折り方 p.46

# 花二輪 1 *Double Flowers 1*　　　　折り方 p.48

# 花二輪 2 *Double Flowers 2*　　　　折り方 p.50

# 薔薇 1 *Rose 1* 　　　　　　　　折り方 p.52

# 薔薇 2 *Rose 2* 　　　　　　　　折り方 p.54

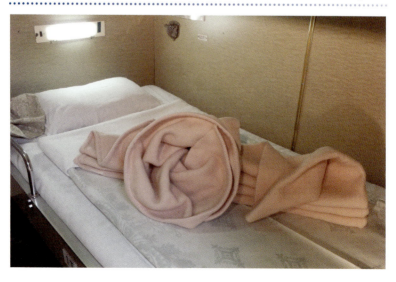

# 桜 *Cherry Blossom*  　　　　　　　　　　　折り方 p.56

# 八重桜 *Double Cherry Blossom*　　　　　折り方 p.58

# 花 *Flower*

折り方 p.60

作品集

# 一輪挿し *A Flower in a Vase*

折り方 p.62

# 四つ葉のクローバー　*Four-leaved Clover*　折り方p.64

# 菊水1 *Chrysanthemum on the Stream 1* 折り方 p.66

# 菊水2 *Chrysanthemum on the Stream 2* 折り方 p.68

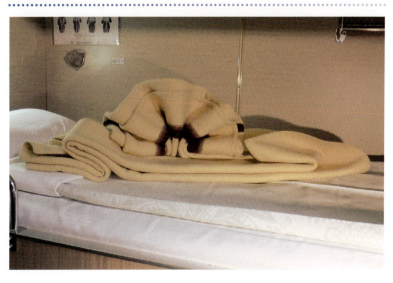

# 観音菩薩 *Kannon*

折り方 p.70

# 松竹梅 *Pine, Bamboo and Japanese Apricot Blossom* 折り方 p.72

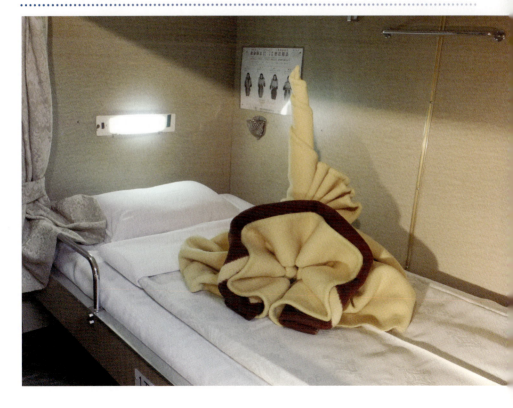

# 富士山 1 *Mt. Fuji 1* 折り方 p.74

# 富士山 2 *Mt. Fuji 2* 折り方 p.76

## 日の出1 *Sunrise 1* 　　　　折り方 p.78

## 日の出2 *Sunrise 2* 　　　　折り方 p.80

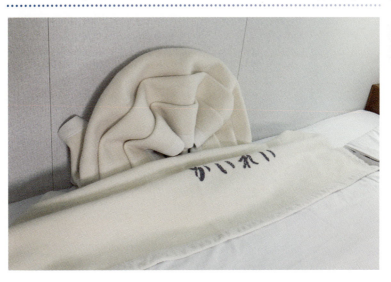

# 日の出と波 *Sunrise and Waves*

折り方 p.82

# 桜島と錦江湾 *Mt. Sakurajima and Kinkou Bay*  折り方p.84

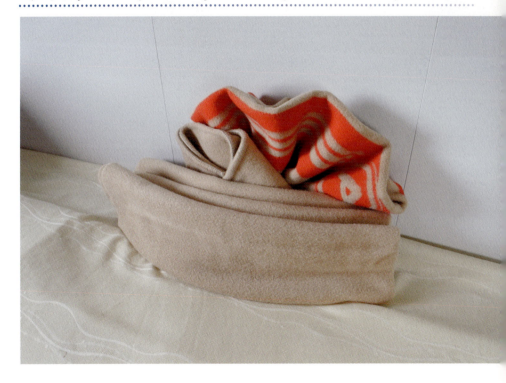

# 門松 *New Year's Pine and Bamboo Decoration*

折り方 p.86

# 雛飾り  *Hina-matsuri Dolls*   折り方 p.88

# 椿 *Camellia*

折り方 p.90

# 竹の子 *Bamboo Shoot*

折り方 p.91

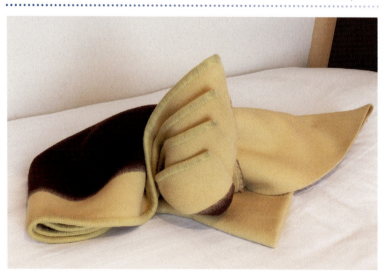

## 兜 *War Helmet*

折り方 p.92

# 桃 *Peach*

折り方 p.94

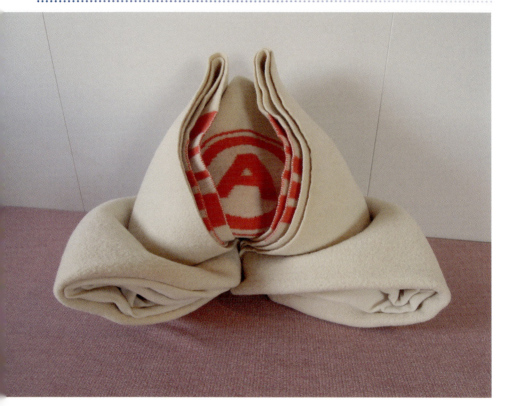

## 二枚貝 *Double Shells*  折り方 p.96

## マンタ *Manta*  折り方 p.98

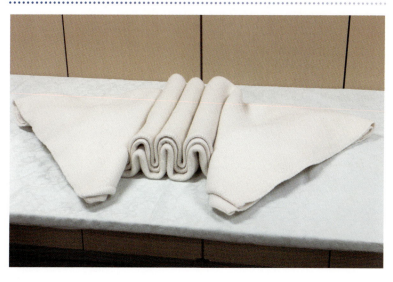

## いか *Squid* 　　　折り方 p.100

## 帆掛け舟 *Sailing Boat* 　　　折り方 p.101

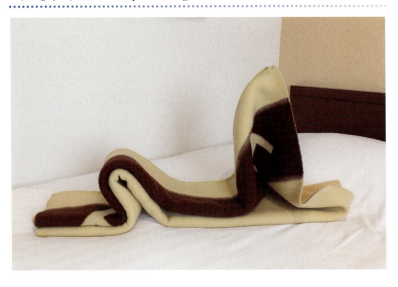

# 貝 *Shell*

折り方 p.102

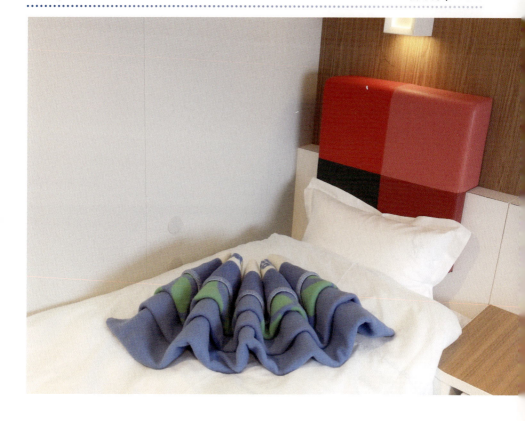

# ひつじ *Sheep*

折り方 p.103

# にわとり *Hen*

折り方 p.104

## くじゃく  *Peacock*

折り方 p.106

# 金魚 *Goldfish* 折り方 p.108

# へび *Snake* 折り方 p.110

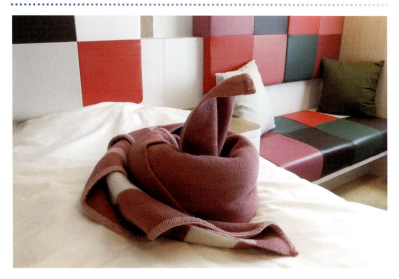

# 王 冠 *Crown*

折り方 p.112

# ハート *Heart*

折り方 p.114

# 飾り毛布・花毛布の折り方

46〜114ページで使用している毛布は、すべて140cm×200cmのシングルサイズです。

# 折り始めの説明

折り方の手順として、折り始めの毛布の配置と、基本的な折り方を示します。

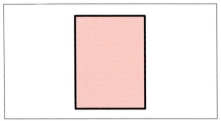

毛布を縦長に置きます。

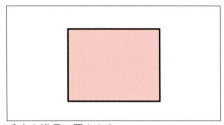

毛布を横長に置きます。

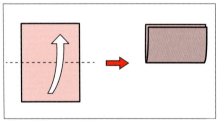

横二つ折りにします。

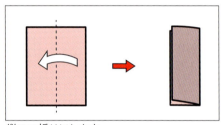

縦二つ折りにします。

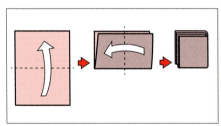

四つ折りにします。

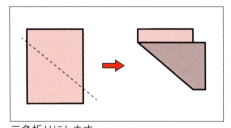

三角折りにします。

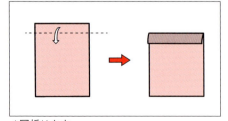

1回折ります。

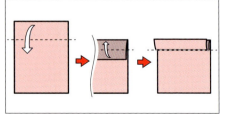

2回折ります。

イラスト提供　松田賢栄氏

# 飾り毛布・花毛布の基本型6種

基本の折り方としては、「扇型」「花型」「重ね型」「巻き型」「山型」「角型」があります。同じ作品でも、毛布の模様や縁取り、会社のシンボルマークをうまく活かして作ると、印象が違ってきます。

扇型

花型

重ね型

巻き型

山型

角型

# 美しく仕上げるコツ

1. 完成した時にラベルが表に出ないように気をつけます。

○

×

2. ヒダは手先だけでなく肘も使って均等に折り、要の部分は隙間がないように固く締めます。

3. ヒダが均等にそろった作品は、後ろ姿も美しいものです。

4. ヒダを扇状にする場合は、それぞれのヒダの下の部分に指を入れて広げていきます。

5. ヒダを円状にする場合は、手を持ち替えて手首を回転させながら広げていきます。

6. ラインやマークを活かすように考えながら折ります。

7. 折り幅をぴったり重ねるのと、ずらして重ねるのとでは、出来栄えが変わります。
縁を手前に向けると、また違う印象になります。

8. 2つのパーツの配置を変えると、印象が変わります。

9. 同じ作品でも、端の始末を変えると、印象が変わります。

10. 毛布の硬さや厚み、質感も大切な要素です。
    そして何よりも大切なのは…心を込めて折ることです。

# 大 輪
*Big Bloom*

**1**
毛布を縦長に置きます。

**2**
縁を奥にして、横二つ折りにします。

**5**
7つのヒダを作ります。

**6**
下の端を持ち上げます。

**9**
持ち上げます。

**10**
立てます。

**3**

上1枚は10cm程、下にずらします。

**4**

ヒダを作っていきます。

**7**

ヒダの上に置きます。

**8**

ヒダを固く包みます。

**11**

47

# 花二輪 1
## *Double Flowers 1*

**1**

毛布を縦長に置きます。

**2**

上の端を少しずつずらしながら、4回折ります。

**5**

ヒダの中心を押さえ、扇状に広げます。

**6**

下の端を2回折ります。

**9**

左側の上1枚を真っ直ぐに引き上げます。

**10**

右側も同様に引き上げ、広げます。

**3**

ヒダを作っていきます。

**4**

両端は残し、5つのヒダを作ります。

**7**

3つのヒダを作ります。

**8**

両側を押さえ、少し広げます。

**11**

両方の角をつまんで、左右に折って添えます。

**12**

*49*

# 花二輪 2
## *Double Flowers 2*

**1**

毛布を縦二つ折りにします。

**2**

ヒダを作っていきます。

**5**

ヒダの上に置きます。

**6**

ヒダを固く包みます。

**9**

下の端で5つのヒダを作ります。

**10**

下の端から50cm程の部分を広げます。

**3**

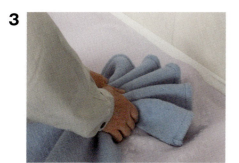

5つのヒダを作ります。

**4**

上の端から60cm程の部分を広げます。

**7**

包んだ部分を持ち上げて、立てます。

**8**

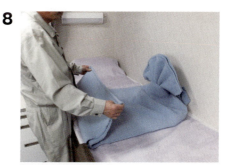

下の端を持ち上げます。

**11**

ヒダを固く包み、2つの花をバランスよく配置します。

**12**

# 薔薇 1
## Rose 1

**1**

毛布の縁を手前にして、横二つ折りにします。

**2**

手前を持ち上げます。

**5**

左の端を最初は上方向に巻いていきます。

**6**

徐々に右方向に変えて巻いていきます。

**9**

端を巻き目の隙間に押し込みます。

**10**

立てます。

**3**
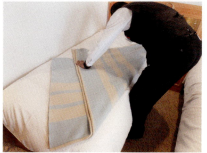
右下の角を三角折りにして、2つの角を並べます。

**4**

手前を1回折ります。

**7**

転がすように柔らかく巻きます。

**8**

巻き終えた端をつまみます。

**11**

花弁のように広げ、形を整えます。

**12**

# 薔薇 2
### Rose 2

**1**

毛布を四つ折りにして、縁の角を左下にします。

**2**

折り重ねていきます。

**5**

左右に引いていきます。

**6**

互いの重ねを外していきます。

**9**

円状に広げます。

**10**

下の端を中心に向けて回転させます。

**3**

7回折って、4段重ねます。

**4**

左側3か所、右側4か所に指を入れます。

**7**

中央より手前で止めます。

**8**

上下端それぞれを持ちます。

**11**

右の角をつまんで、中央に引きます。

**12**

# 桜
## Cherry Blossom

**1**

毛布を縦長に置きます。

**2**

折り重ねていきます。

**5**

5つの山を作ります。

**6**

両端を持ちます。

**9**

縁を手前に向けます。

**10**

**3**

7回折って、4段重ねます。

**4**

山を作っていきます。

**7**

持ち上げて、広げます。

**8**

下の部分を手前に引きます。

# 八重桜
## *Double Cherry Blossom*

**1**

毛布の縁を手前にして、横二つ折りにします。

**2**

手前を持ち上げます。

**5**

山を作っていきます。

**6**

5つの山を作ります。

**9**

円状に広げます。

**10**

縁を手前に向けます。

**3**

3回折って、2段重ねます。

**4**

上の1枚を小さめの幅で折ります。

**7**

両端を持ち上げます。

**8**

壁に立てかけます。

**11**

下の縁も手前に向けます。

**12**

# 花
*Flower*

**1**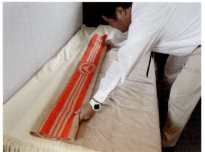
毛布を縦長に置き、上の端を裏側に1回折ります。持ち上げて2回折って、少しずらします。

**2**
ヒダを作っていきます。

**5**
下の端方向にもヒダを伸ばします。

**6**
上の部分の両端を押さえます。

**9**
円状に広げます。

**10**
下の端を整えます。

「1」「2」では、オリジナル毛布のラインやマークを作品に組み込むために
工夫した折り方を取り入れています。

**3**

両端は残し、6つのヒダを作ります。

**4**

持ち上げます。

**7**

左回りに回転させます。

**8**
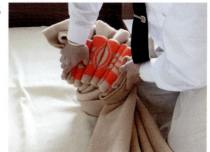
1回転させます。

**11**

# 一輪挿し
## A Flower in a Vase

**1**

毛布を縦長に置きます。

**2**

上の端を2回折って、少しずらします。

**5**

中央を広げながら、ヒダのすぐ下に置きます。

**6**

下の端を持ち上げます。

**9**

立てて、左右の端で包みます。

**10**

後ろで左右の端を合わせます。

**3**

ヒダを作っていきます。

**4**

7つのヒダを作ります。

**7**

2回折ります。

**8**

裏返します。

**11**

壁に寄せて、円状に広げます。

**12**

# 四つ葉のクローバー
## *Four-leaved Clover*

**1**

毛布を縦長に置き、下の端を2回折ります。

**2**

右寄りに4つのヒダを作り、右の端は残します。

**5**

左寄りに4つのヒダを作り、左の端は残します。

**6**

「2」の右側に移動させます。

**9**

円状に広げます。

**10**

4か所の谷部分の上1枚をつまみ、引き上げます。

**3**

上の端を手前に引いてきます。

**4**

手前に寄せ、端を2回折ります。

**7**

8つのヒダを並べます。

**8**

中央の端を下に向けます。

**11**

左右の角を斜めに1回折ります。

**12**
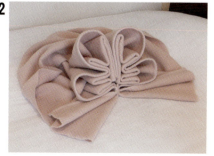

# 菊水 1
## Chrysanthemum on the Stream 1

**1**

毛布を縦長に置きます。

**2**

上の端を裏側に1回折ります。

**5**

下の端方向にもヒダを伸ばします。

**6**

5つのヒダを作り、揃えていきます。

**9**

右の花を持ち上げます。

**10**

2回折って、花をのせます。

**3**

ヒダを作っていきます。

**4**

両端は残し、5つのヒダを作ります。

**7**

ヒダを揃えて、5段重ねます。

**8**

両端を押さえて伸ばします。

**11**

# 菊水 2
## Chrysanthemum on the Stream 2

**1**

毛布を縦長に置きます。

**2**

上の端を2回折って、少しずらします。

**5**

下の端を持ち上げます。

**6**

3回折って、2段重ねます。

**9**

「7」の上にのせます。

**10**

円状に広げます。

**3**

ヒダを作っていきます。

**4**

両端は残し、5つのヒダを作ります。

**7**

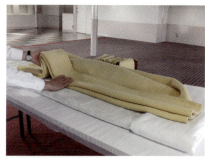

ヒダを作り左側に倒します。

**8**

「4」を持ち上げます。

**11**

左右の角をつまんで、中央に引きます。

**12**

# 観音菩薩
## Kannon

**1**
毛布の縁を手前にして、横二つ折りにします。

**2**
手前を持ち上げます。

**5**
2つの山を作ります。

**6**
谷部分に指を当てます。

**9**
左右の角2枚を内側に巻きます。

**10**

**3**

折り重ねていきます。

**4**

4回折って、縁が手前に来るように重ねます。

**7**

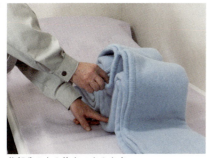

谷部分の上2枚をつまみます。

**8**

2枚を同時に引き上げます。

# 松竹梅
## Pine, Bamboo and Japanese Apricot Blossom

**1**

毛布を縦長に持ち、左上の端を巻いていきます。

**2**

斜めに3回巻きます。

**5**

固く包みます。

**6**

下の端を少しずらしながら、3回折ります。

**9**

「5」を持ち上げて、立てます。

**10**

「8」のヒダを立てます。

**3**

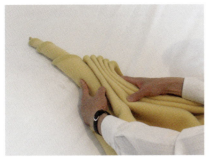

巻いた残りの部分で、5つのヒダを作ります。

**4**

上の端から60cm程の部分を広げます。

**7**

「6」で作った部分を裏返します。

**8**

両端は残し、5つのヒダを作ります。

**11**

手を持ち替え、円状に広げます。

**12**

# 富士山 1
## *Mt. Fuji 1*

**1**

毛布を縦長に置きます。

**2**

下の端を1回折ります。

**5**

壁に立てかけます。

**6**
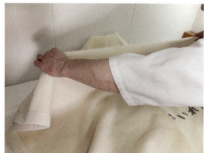
中央を広げ、手前に向けます。

**9**
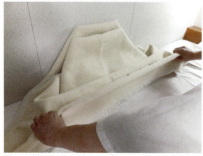
残った折りしろを持ち上げながら重ねます。

**10**

**3**

両側から三角折りにして、中央部は平らのまま残します。

**4**

高く持ち上げ裏返して、上の端を手前にもってきます。

**7**

「3」と同様に三角折りにして、中央部は平らのまま残します。

**8**

「5」に重ねます。

# 富士山 2
## Mt. Fuji 2

**1**

毛布を縦二つ折りにします。

**2**

ヒダを作っていきます。

**5**

ヒダを固く包みます。

**6**

立てます。

**9**
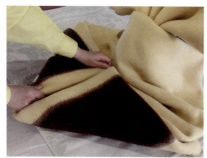
両側から三角折りにします。

**10**
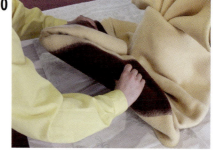
立てます。

**3**

5つのヒダを作ります。

**4**

上の端から60cm程の部分を広げます。

**7**

下の端から40cm程の部分を持ち上げます。

**8**

裏側に折ります。

**11**

「6」の手前に置きます。

**12**

# 日の出 1

*Sunrise 1*

**1**

毛布を縦長に置きます。

**2**

上の端を2回折って、少しずらします。

**5**

壁に立てかけて、扇状に広げます。

**6**

下の端を広げます。

**9**
右の端も1回折りながら、横幅を調整します。

**10**
下の端を裏返します。

**3**

ヒダを作っていきます。

**4**

7つのヒダを作ります。

**7**

1回折ります。

**8**

左の端も1回折ります。

**11**

「5」の手前に置きます。

**12**

# 日の出2
## Sunrise 2

**1**

毛布を縦長に置き、上の端を折っていきます。

**2**

少しずつずらしながら、5回折ります。

**5**

持ち上げます。

**6**

壁に立てかけて、扇状に広げます。

**9**

1段重ねます。

**10**

2段目も重ね、左右に伸ばします。

**3**

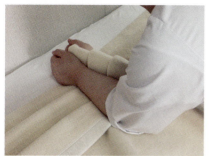

ヒダを作っていきます。

**4**

両端は残し、5つのヒダを作ります。

**7**

下の端を広げます。

**8**

下の端を引き上げます。

**11**

# 日の出と波
*Sunrise and Waves*

**1**

毛布の縁を右側にして、縦二つ折りにします。

**2**

ヒダを作っていきます。

**5**

ヒダの上に置きます。

**6**

ヒダを固く包みます。

**9**

6回折って、縁が手前に来るように重ねます。

**10**

左の角2枚を持ち上げて、立たせます。

**3**

5つのヒダを作ります。

**4**

上の端から60cm程の部分を広げます。

**7**

包んだ部分を持ち上げて、立てます。

**8**

下の端を折り重ねていきます。

**11**

右の角2枚を内側に巻きます。

**12**

*83*

# 桜島と錦江湾
## Mt. Sakurajima and Kinkou Bay

**1**

毛布を縦長に置き、上の端を裏側に1回折ります。

**2**

縦二つ折りにします。

**5**

壁に立てかけて、扇状に広げます。

**6**

下の端を持ち上げます。

**9**

残った折りしろを持ち上げながら重ねていきます。

**10**

3段重ねます。

「1」「3」では、オリジナル毛布のラインやマークを作品に組み込むために工夫した折り方を取り入れています。

**3**

ここでは、毛布のマークが出るように、折り目をずらしています。

**4**

3つのヒダを作ります。

**7**

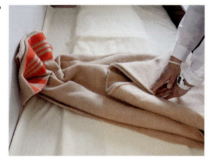

両側から三角折りにして、中央部は平らのまま残します。

**8**

「5」の横に立てかけます。

**11**

# 門 松
## New Year's Pine and Bamboo Decoration

**1**

毛布を縦長に置き、上の端を1回折ります。

**2**

両側から三角折りにして、中央部は平らのまま残します。

**5**

左側も巻いて、2本合わせます。

**6**

下の端を持ち上げて、裏返します。

**9**

1段つまみ、「5」に重ねます。

**10**

壁に立てかけます。

**3**

右側を巻いていきます。

**4**

巻き口が手前になるようにして、中央で止めます。

**7**

左右それぞれ1回折って、合わせます。

**8**

持ち上げて、伸ばします。

**11**

2段目をずらして、重ねます。

**12**

87

# 雛飾り
## Hina-matsuri Dolls

1 毛布を縦長に置きます。

2 下の端を4回折って、縁が手前に来るように重ねます。

5 広げた状態です。

6 上の端を1回折ります。

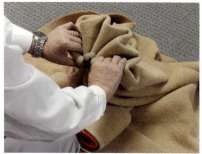
9 「5」の上にのせ、円状に広げます。

10

88

**3**

中央に1つのヒダを作ります。

**4**

左右に広げます。

**7**

両端は残し、5つのヒダを作ります。

**8**

持ち上げます。

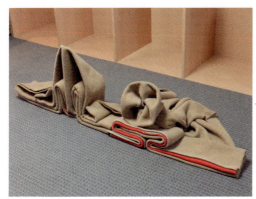

70ページの「観音菩薩」と並べることにより「雛飾り」になります。

# 椿
## Camellia

**1**

毛布を縦長に置き、下の端を4回折って、縁が手前に来るように重ねます。

**2**

5つのヒダを作ります。

**3**

左右の持ち手を替えます。

**4**

持ち上げます。

**5**

置いて、円状に広げます。

**6**

# 竹の子
## *Bamboo Shoot*

**1**

毛布を四つ折りにして、角を少しずつずらします。

**2**

角を持ち上げます。

**3**

1回折ります。

**4**

両手を添えます。

**5**

手首を回転させて、立てます。

**6**
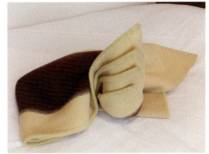

# 兜
## *War Helmet*

**1**

毛布を縦長に置きます。

**2**

上の端を1回折ります。

**5**

下の端を持ち上げます。

**6**

少しずらしながら、折っていきます。

**9**

両端は残し、3つの山を作ります。

**10**

両端を押さえて、壁に立てかけます。

**3**

両側から三角折りにします。

**4**

左右の角を斜めに1回折ります。

**7**

4回折って、縁が手前に来るように重ねます。

**8**

腕を入れて持ち上げながら、山を作っていきます。

**11**

# 桃
*Peach*

**1**

毛布の縁を手前にして、横二つ折りにします。

**2**

奥を持ち上げて、もう1回、横二つ折りにします。

**5**

裏返します。

**6**

両側から三角折りにします。

**9**

角を広げます。

**10**

**3**

左右それぞれ1回折って、合わせます。

**4**

両側から三角折りにします。

**7**

奥へ倒します。

**8**

立てます。

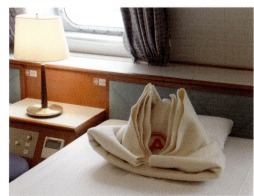

毛布の表裏を変えることにより、印象が変わります。

# 二枚貝
## *Double Shells*

**1**

毛布を縦長に置きます。

**2**

上の端を2回折って、少しずらします。

**5**

下の端を持ち上げます。

**6**

下の端を2回折って、少しずらします。

**9**

ヒダの先端を広げます。

**10**

もう一方を持ち上げて、「9」の上にのせます。

**3**

ヒダを作っていきます。

**4**

両端は残し、5つのヒダを作ります。

**7**

ヒダを作っていきます。

**8**

両端は残し、5つのヒダを作ります。

**11**

扇状に広げます。

**12**

# マンタ
## Manta

**1**

毛布の縁を奥にして、横二つ折りにします。

**2**

奥を持ち上げます。

**5**

中央に3つの山を作ります。

**6**

左の角の上2枚をつまんで、手前に引きます。

**9**

下の2枚は裏側に三角折りにします。

**10**

右側も同様にします。

**3**

もう1回、横二つ折りにします。

**4**

山を作っていきます。

**7**

「5」の横に置きます。

**8**

右側も同様にします。

**11**

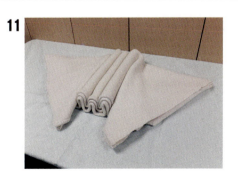

99

# いか
## Squid

1 毛布を縦二つ折りにします。

2 少しずつずらしながら、8回折ります。

3 腕を入れて持ち上げます。

4 中央に山を作ります。

5 上の端を両側から絞ります。

6

# 帆掛け舟
## Sailing Boat

**1**

毛布の縁を手前にして、横二つ折りにします。

**2**

3回折って、2段重ねます。

**3**

山を1つ作り、左側に倒します。

**4**

右の角をつまみます。

**5**
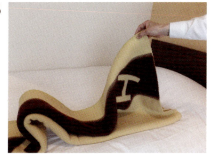
持ち上げて、立たせます。

**6**

# 貝
*Shell*

**1**

毛布を縦長に置きます。

**2**

少しずつずらしながら、8回折ります。

**3**

腕を入れて持ち上げます。

**4**

山を作っていきます。

**5**

5つの山を作り、扇状に広げます。

**6**

# ひつじ
## *Sheep*

**1**

毛布の縁を手前にして、横二つ折りにします。
3回折って、2段重ねます。

**2**

3つの山を作ります。

**3**

両端を持ち上げます。

**4**

扇状に広げながら降ろします。

**5**

縁を手前に向けます。

**6**

# にわとり
### Hen

**1**

毛布を縦二つ折りにします。

**2**

ヒダを作っていきます。

**5**

ヒダの上に置きます。

**6**

もう1段つまみます。

**9**

下の端を持ち上げます。

**10**

両側から三角折りにします。

**3**

4つのヒダを作ります。

**4**

上の端から60cm程の部分を広げます。

**7**

「5」に重ねます。

**8**

固く包み、立てます。

**11**

合わせた部分を上下に伸ばします。

**12**

# くじゃく
## Peacock

**1**

毛布を縦長に置きます。

**2**

上の端を2回折って、少しずらします。

**5**

壁に立てかけて、扇状に広げます。

**6**

下の端を裏返して、両側から三角折りにします。

**9**

先端を伸ばします。

**10**

真ん中を押さえ、左右それぞれ広げます。

ヒダを作っていきます。

7つのヒダを作ります。

三角の頂点が細くなるようにして、内側に巻いていきます。

反対側も巻いて両方を合わせていきます。

先端を手前に折ります。

# 金魚
## *Goldfish*

**1**

毛布を縦長に置きます。

**2**

下の端を4回折って、縁が手前に来るように重ねます。

**5**

上の端を裏返して、持ち上げます。

**6**

両側から三角折りにします。

**9**

中央部を絞ります。

**10**

ヒダの上1枚を立てていきます。

**3**

ヒダを作っていきます。

**4**

5つのヒダを作ります。

**7**

もう1回、両側から三角折りにします。

**8**

先端を折ります。

**11**
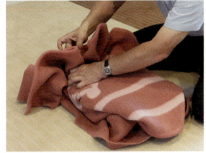
全てのヒダを立てます。

**12**

# へび
## *Snake*

**1**
毛布を縦長に置きます。

**2**
右下の角を三角折りにして、2つの角を並べます。

**5**
さらに、もう1回折ります。

**6**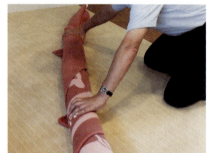
全体を上方向に巻いていきます。

**9**
全て巻きます。

**10**
中央を引き上げます。

**3**

手前を1回折ります。

**4**

もう1回折ります。

**7**

右の端を持ち上げます。

**8**

右の端を中心にして、巻いていきます。

**11**

先端を折ります。

**12**

# 王冠
## *Crown*

**1**

毛布を縦長に置きます。

**2**

上の端を2回折ります。

**5**

ヒダの上に置き、固く包みます。

**6**

下の端を持ち上げます。

**9**

「5」を持ち上げます。

**10**

「8」の上にのせます。

**3**

5つのヒダを作ります。

**4**

上の端から60cm程の部分を広げます。

**7**

2回折ります。

**8**

左右それぞれ2回折って、合わせます。

**11**

縁を手前に向けます。

**12**

113

# ハート
## Heart

**1**

毛布の縁を奥にして、横二つ折りにします。

**2**

奥を持ち上げて、3回折って、縁が手前に来るように重ねます。

**3**

2つの山を作ります。

**4**

2つの山を扇状に広げます。

**5**

左右の角を斜めに1回折ります。

**6**

# 会社と折り手紹介

# 商船三井客船（にっぽん丸）

にっぽん丸　1990年就航　22,472総トン

　「にっぽん丸」を運航する商船三井客船株式会社は、日本の老舗海運会社「商船三井」グループの一員であり、前身は1884年創業の大阪商船会社です。「にっぽん丸」は、本格的なクルーズ時代の先駆け「ふじ丸」がデビューした翌年の1990年に就航しました。

　「にっぽん丸」の船風は、日本らしいおもてなしの心を大切にすること。その「和のおもてなし」は、2010年３月のリニューアル後も引き継がれています。友禅の手法で散りばめられた日本の花々が季節感を醸し出すダイニングスペース「春日」、灯篭と藤が描かれたタペストリーと和室「吉野」が心を和ませる「ホライズンラウンジ」、海の風景を描いた織物が壁に掛けられたラウンジ「海」など、日本調のインテリアが船内に落ち着いた空間を作り出しています。

落ち着いた雰囲気のホライズンラウンジ

大阪商船時代のメニューを複製した表紙

# 会社と折り手紹介

　花毛布も、「にっぽん丸」ならではの日本らしいおもてなしの心が形になったものです。「にっぽん丸」の花毛布は長い歴史の中で育まれ、現在まで継承されてきました。1920～1930年代にかけては、中国航路や別府航路など、大阪商船が国内外で運航していた多くの客船が、このサービスを提供していました。戦後の移民船の運航、そしてクルーズ客船時代に至るまで、創業以来途絶えることなく続けられた客船運航と共に、花毛布の伝統は100年近く受け継がれてきました。

　現在、花毛布はスイートルームとデラックスルームのベッドに飾られ、その種類の豊富さと華やかさはますます増して、「花毛布の宝庫」と言っていいほどです。クルーの半分を占めるフィリピン人クルーも、手先の器用さを活かして日本人の先輩から花毛布の技術を習得し、毎日ベッドメイクの仕上げに花毛布を飾って、寝室を華やかに演出しています。

粟戸健二郎さんと後輩の小林義治さん

手早く毛布を折るフィリピン人クルー

　客室マネージャーの粟戸健二郎さんは、1973年に商船三井客船に入社、28歳で2代目「にっぽん丸」に乗船、「新さくら丸」を経て現「にっぽん丸」に乗船し、多忙な客室業務と接客をしながら、後輩たちに花毛布の指導を行ってきました。

　先輩船員が毛布を折るのを見て腕を磨いてきた粟戸さんは、毛布に描かれた「大」マークや色合いを活かして、客船らしくゴージャスに仕上げるのが特徴です。感性を大切にしているため、作品名を付けることは意識していません。長い経験から編み出した自分なりの毛布の折り方で、あっという間に洗練された形の花毛布を作り上げます。アシスタントマネージャーの小林義治さんは、粟戸さんの鮮やかな手さばきに驚きながら、時々折り方を教わっています。

## 会社と折り手紹介

長い歴史を持つおもてなしの伝統を現在にどう活かしているかについて、「にっぽん丸」の福元剛ゼネラルマネージャーは次のように言います。

福元剛ゼネラルマネージャー

「出航の時に鳴らす銅鑼、船長や機関長、ゼネラルマネージャー、コンシェルジュがお客様と一緒にディナーの席につくことなど、客船には陸上のホテルとは違うおもてなしがあります。花毛布もそのひとつです。私個人としては、花毛布は船の文化の継承として続いてほしいと思います。」

「商船三井客船は、花毛布のように日本らしいひと手間かけたおもてなしを意識して残してきました。花毛布はまた、船旅でこそ出会うことができるエピソードのひとつであり、昔の良き時代を彷彿とさせるものでもあります。」

### ❖─❖─❖ 花毛布に宿る温かい心配り ❖─❖─❖

牛山恵子コンシェルジュ

「にっぽん丸」コンシェルジュの牛山恵子さんは、「おもてなしには、目に見えるものとそうでないものがある」と言います。「花毛布は、クルーたちの温かい心配りが形として表われたものです。その一方で、クルーがお客様と程よい距離感を保つこと、お客様に対して目配り・気配りをすること…それが目に見えないおもてなしです。」

このように「にっぽん丸」では、クルーひとりひとりが高い意識を持ちながら、お客様に日本船ならではのきめ細やかなおもてなしを提供しようとしています。

# にっぽん丸 花毛布 Gallery

# マルエーフェリー（フェリーあけぼの）

フェリーあけぼの　2008年就航　8,083総トン

　マルエーフェリー株式会社の前身である大島運輸株式会社は、1953年の奄美群島の日本復帰を機に、鹿児島と奄美群島各島間の旅客・貨物輸送を開始しました。1962年には鹿児島－那覇航路、1963年には、東京－清水－鹿児島－名瀬－那覇航路を開設しましたが、現在、後者の航路では貨物輸送のみが継続されています。

　「フェリーあけぼの」は、僚船「フェリー波之上」（2012年就航）とともに、鹿児島－名瀬（奄美大島）－亀徳（徳之島）－和泊（沖永良部島）－与論（与論島）－本部（沖縄）－那覇を約25時間で結んでいます。亜熱帯の長距離フェリーらしく木甲板が特徴、桜島や南国の美しい海の景色を楽しむことができる全長735キロの航路で、各島に旅客と車両、生活に必要な物資を運ぶ重要な役割を果たしています。

鹿児島港と船を見守る桜島

鹿児島港でのコンテナ搬入作業

マルエーフェリーの花毛布は、元事務部員の今村義一さんが、川崎汽船勤務時代に習得した技術を、1968年マルエーフェリー移籍後、初代「波之上丸」（1962年東京－那覇航路に就航）の二等室に飾ったのが始まりです。

　今村さんは川崎汽船時代、先輩が折った花毛布を見様見真似で再現して折る練習をしました。初代「波之上丸」では、特等室と一等室の船客を浴室に案内する際、風呂桶に花の形に作ったタオルを入れた「花タオル」のサービスもしていました。

花毛布を伝えた今村義一さん

花タオル

花毛布が盛んだった「サンシャインふじ」

花毛布教室で毛布を折る乗客たち

　こうしてマルエーフェリーに伝えられた花毛布は、先輩が客室に飾った作品を一度崩して再現しながら折り方を練習するという形で事務部員たちにより継承されました。「さくら」（1971年～1973年東京－那覇航路で運航）や、チャーター船として活躍した「サンシャインふじ」（1983年～1996年）では、特等客室と船長室・士官室に花毛布を飾る他、船内イベントとして琉球舞踊や手品とともに「花毛布教室」が開催されていました。

会社と折り手紹介

　マルエーフェリーの花毛布は、他社では見られない独自の作品があります。そのうちのひとつ「桃」を得意とするのは、奄美-沖縄航路に36年間勤務した奄美市住用町出身の吉村豊成さんです。吉村さんは当時を思い出して、「先輩たちが作っているのを見ながら、後で崩して自分なりにアレンジして、25種類くらいは自然に覚えた。お客様から作り方を教えてほしいとせがまれるほど喜ばれた」と言います。「梅」や「花二輪」など、会社のシンボルマークである丸で囲んだ「A」と3本の赤いラインを活かした作品が多いのも特徴です。

### ❖―❖―❖― 先輩から後輩へ脈々と伝わる花毛布 ―❖―❖―❖

　現在「フェリーあけぼの」では、船首側にある特等室4室に花毛布を飾っています。マルエーフェリー初の女性司厨長山口晴美さんは、特等室などを担当しています。「これからもいろいろな種類を覚えて、後輩の船員たちにも教えていきたい」と、熱心に毛布を折る練習をしています。

吉村豊成さんと「桃」

OBの花毛布展示会で折り方を習う山口晴美さん

　マルエーフェリーでは事務部OBと現役との交流の機会があります。「フェリーあけぼの」船上では、司厨員の平野真也さん（左）と八ケ代成一さん（右）が先輩から毛布の折り方を教えてもらい、今後のサービスに役立てようとしています。近い将来、若手二人のユニークなオリジナル作品もマルエーフェリーの花毛布に加わることでしょう。

## ☀ 船で巡る (1) 奄美大島

鹿児島と沖縄の間に浮かぶ奄美大島には、沢山の美しいビーチがあります。島の北東にある用安海岸は、シュノーケリングやウィンドサーフィンなどマリンスポーツを楽しむ人に人気。青く澄んだ海を見ながら白い砂浜を散策して、リゾート気分を満喫できる場所です。

竜郷町の「大島紬村」では、特産の大島紬の製造工程を見学できます。独特の色合いや模様の精密さ、長い日数をかけて出来上がる紬の美しさに感動！

島の中央部の住用町には、日本で2番目に大きいマングローブの原生林があります。カヌーを漕いで探検すれば、より楽しい。

奄美大島の名物といえば、「鶏飯」と「黒糖焼酎」。黒糖焼酎の銘柄は200以上あり、蔵元で試飲ができます。

# 奄美海運（フェリーあまみ）

フェリーあまみ　2006年就航　2,942総トン

　マルエーフェリーのグループ会社である奄美海運株式会社は、鹿児島と喜界島・奄美大島・徳之島・沖永良部島を結ぶ、奄美諸島に特化した航路を受け持っています。「フェリーあまみ」は鹿児島－喜界（喜界島）－名瀬（奄美大島）－古仁屋（奄美大島）－平土野（徳之島）、2015年に就航した「フェリーきかい」は、それより先の知名（沖永良部島）まで運航されています。

　「フェリーあまみ」と「フェリーきかい」は、船体塗装とファンネルマーク共にマルエーフェリーと共通しています。鹿児島－沖縄航路と同様、生活物資のコンテナ輸送を担い、各島の生活を支えています。

鹿児島港で搬入を待つコンテナ

喜界島のフェリーターミナル

　「フェリーあまみ」と「フェリーきかい」の一等室に花毛布を飾っているのは、喜界島出身の司厨長、三原忠則さんです。三原さんは奄美海運に1991年入社後、先輩が船長室でベッドメイクを終え花毛布を飾ったのを見て、花毛布に関心を持つようになりました。その後、先代「フェリーきかい」のレセプション航海の際、マルエー

会社と折り手紹介

フェリー（当時は大島運輸）の事務部員が客室に作った花毛布に感動し、その花毛布を崩して勉強しました。

❖―❖―❖― これからもつないでいきたい船伝統のおもてなし ―❖―❖―❖

　三原さんは休憩時間に自室で「前回よりも少しでも上手に折れるか？」「見た方に喜んでもらえるか？」と考えながら、折り方の研究をしています。そうした試行錯誤や地元への愛着から、毛布の赤いラインを活かした華やかな「花」や、鹿児島の風景を表現した「桜島と錦江湾」など、独自の作品が生まれました。花毛布の今後について三原さんは、「先輩から受け継いだ船の良い伝統なので、時間を見つけて後輩たちに教えていきたい」と思っています。

研究熱心な司厨長の三原忠則さん

「フェリーあまみ」事務部の皆さん

　「フェリーあまみ」では、事務部員3名が協力し合って、出入港の手続きや客室清掃、食事の仕込みと配膳などのすべての業務を行っています。司厨員の福垣幸治さん（右上の写真左）は三原さんと同じ喜界島出身で、三原さんと配乗が同じ時に花毛布や花タオルを習い、少しずつ腕前を上げています。

鮮やかなラインが映える「花」

洗面所に飾られた花タオル

125

## ☀ 船で巡る (2) 喜界島

奄美大島の東、東経130度線上の洋上に浮かぶ喜界島は、隆起珊瑚礁からなり、現在も年間2ミリ程度隆起しています。鹿児島と奄美群島を結ぶ「フェリーきかい」の船名の由来にもなっている島です。
喜界空港のすぐ隣りのスギラビーチでは、海と空との境界線が見分けられないくらい美しいブルーの風景が広がります。

島一面に広がるサトウキビ畑の真ん中に真っすぐ伸びる一本道は、どこまでも続いているのではと錯覚するほど。滑走路の飛行機のように、走りたくなります。

島の南東部にある集落では、珊瑚で造られた垣根が、台風や強風から家を守ってきました。
樹齢100年を超えるというガジュマルは、力強い生命力にあふれています。

サトウキビは二期作。農家の方が、収穫後のサトウキビを短く切って植える準備をしていました。
9月の喜界島では、道のいたるところに天日干しの胡麻が並んでいます。実は喜界島は、白胡麻の生産が全国第一位なのです。

# 宇和島運輸フェリー（あかつき丸）

あかつき丸　2014年就航　2,538総トン

　宇和島運輸株式会社は1884年に設立され、約130年にわたり四国から別府へ多くの観光客を運んでいます。2000年には、母港である宇和島港に寄港しなくなり、八幡浜港を起点に、所有フェリー4隻を八幡浜－別府航路と八幡浜－臼杵航路で運航しています。
　2014年6月、八幡浜－別府航路に就航した「あかつき丸」は、充実したバリアフリー設備、LEDを採用した客室照明、女性専用席やキッズコーナーの設置、車両甲板の電気自動車の充電設備など、人にも環境にもやさしいフェリーです。"OLD & NEW"というデザインコンセプトのもと、木目調や金属を使用し、レトロとモダンを融合させた内装が印象的です。
　「あかつき丸」の特等室と1等室に花毛布を飾っている司厨手の大崎芳勝さんは、

ダークブラウンを基調とした落ち着いた内装

ラウンジの仕切りガラスに浮かぶ歴代の船

## 会社と折り手紹介

　大分県臼杵市の自宅から出勤しています。「あかつき丸」は入社20年目で初めて乗り組む新造船です。
　大崎さんは、花毛布を司厨手の先輩から教わりました。さらに、松岡正幸取締役を通して本書の前身である『飾り毛布 花毛布』とも出会い、本の説明を見ながら紹介されている作品を折る練習をしました。

### ❖―❖―❖― 花毛布で伝える歓迎の気持ち ―❖―❖―❖

1等室の「くじゃく」と大崎芳勝さん

船首を見渡す特等室の「花三輪」

　大崎さんは休憩中に花毛布の練習をする際、お客様が作品を見てどのように思うか想像し、喜ぶ顔を楽しみにしながら毛布を折っています。宇和島運輸のシンボルカラーである鮮やかな緑と白いラインが入った毛布で端正に折った花毛布は、凛とした美しさがあり、落ち着いた雰囲気の客室に華やかさと温かみを添えています。きっちりした毛布の折り目には、空手三段の技が活かされているようです。
　花毛布は「お金をかけず心をこめてお客様を歓迎しもてなすサービス」、「この伝統のサービスを、船だけでなく陸上のホテルでも提供してほしい」と大崎さんは願っています。

船で巡る (3)　八幡浜・別府

JR八幡浜駅構内には、大漁旗が飾られています。八幡浜市の若松旗店は、文政5年創業の老舗。現在も手描きで大漁旗を作っており、見学することもできます。

フェリー乗船前に、八幡浜名物「ちゃんぽん」で腹ごしらえ。ご飯のピンク色のトッピングは、削りかまぼこ「鯛の花」です。八幡浜には他にも、「じゃこ天」やみかん、新鮮な魚など、美味しい名産物がたくさんあります。

フェリーに乗って別府へ！西に細長く伸びる佐田岬半島を眺めながら、約3時間の船旅です。半島の先端に立つ佐田岬灯台が見えます。

別府の温泉巡りは明治13年建造の竹瓦温泉からスタート！市内各所で温泉三昧のあと、翌朝、湯煙を見ながら再びゆったりフェリーで八幡浜へ。

# 神新汽船（フェリーあぜりあ）

フェリーあぜりあ　2014年就航　485総トン

「フェリーあぜりあ」は、2014年12月、前船「あぜりあ丸」（1988年2月～2014年11月）に代わる新造船として、下田港を起点に神津島・式根島・新島・利島を巡る航路に就航しました。曜日により寄港順が逆になりますが、朝下田港を出航し夕刻同港へ到着する、規則正しい定期航路です。

　食料品などを各島に運び、当日の鮮魚を島から築地など内地へ運ぶ使命は航路開設以来変わっていませんが、前船「あぜりあ丸」と比べて、「フェリーあぜりあ」は機能・サービス両面において各段に改善点が見られます。
　まず、カーフェリー化により車両輸送が可能となり、観光客のマイカー、また島民が購入した自動車や工事関係の車両を運べるようになりました。

新島での車両やコンテナの積み下ろし

デッキに積まれた鮮魚運搬用の発泡スチロール箱

会社と折り手紹介

船内は、バリアフリー設備の充実とフィンスタビライザーによる減揺効果で、乗客に優しい船となりました。船底船室が姿を消し、船室が上部甲板へ移り、明るく快適な空間となりました。客室エリアが4層から2層になり、きめ細かい対応が可能となりました。3階には1等室1室とカーペット敷の特2等室、2階には2等室と多目的室、ベンチ席が設けられています。

「フェリーあぜりあ」で花毛布を提供しているのは、1988年の「あぜりあ丸」就航当初から乗船勤務している接客担当の石関利幹さんです。石関さんは、クルーズ船で行われた「花毛布講座」で折り方を習いました。神新汽船株式会社入社後は、親会社である東海汽船系列の伊豆諸島開発株式会社の司厨長から教わり、現在のサービスに活かしています。

❖──❖──❖── ピンクの毛布で船室を華やかに ──❖──❖──❖

3階にある眺めのよい1等室

接客担当の石関利幹さん

石関さんは、夕方乗客が下船後、翌日のために1等室のベッド2台に花毛布を飾ります。「貝」や「日の出」の他に、毛布を折りながらオリジナル作品も多く考えつきます。最近では、毛布のピンク色からインスピレーションを得た「金魚」、伊豆諸島を結ぶ船に映える「椿」が生まれています。

それぞれ独自の魅力を持つ伊豆の島々にもっと多くのお客様に来てほしい、と願う石関さんからのメッセージです。
「船旅を特別なものと思わず、電車やバスと同じ乗り物だと思って気軽に島を訪れてください。その楽しい思い出作りのお手伝いができればうれしいです。」

## ☀ 船で巡る (4)　神津島

神津島は、西側（前浜）と東側（多幸湾）で違う顔を見せます。船はその日の風向きで、どちらの港に着くか決まります。

神津島は、海も山も楽しめる島。春、標高572メートルの天上山には、「フェリーあぜりあ」の船名の由来であるツツジが咲きます。山頂に近づくと、湿地や砂漠が広がる不思議な風景に出会います。

獲れたての金目鯛やイサキ、島豆腐、特産の明日葉を使った料理は、何よりのご馳走。水平線に沈む夕陽は、旅の疲れを心地よく癒してくれます。

船好きなら、下田港発着で乗船したまま利島・新島・式根島・神津島をぐるっと巡る「ワンデークルージング」もおすすめ。4つの島のそれぞれの形や特徴を船上から楽しむことができます。

# 日本海洋事業

深海調査研究船「かいれい」　1997年就航　4,517総トン（JAMSTEC保有）

　日本海洋事業株式会社は、1980年に設立された、海洋調査船の運航・管理業務を行なう会社です。親会社である日本水産株式会社から、漁業技術や船舶運用技術、臨機応変の対応力、その基となる海への畏敬と感謝、という遺伝子を受け継ぎ、日本の海洋調査研究に貢献しています。現在は、国立研究開発法人海洋研究開発機構（JAMSTEC）からの受託で、海洋調査船「よこすか」「かいれい」「みらい」「新青丸」「かいめい」の5船を運航しています。

無人探査機「かいこう」などを吊り上げる船尾のクレーン（協力JAMSTEC）　　　無人探査機「かいこう」Mk-Ⅳ（JAMSTEC）

　日本海洋事業が日本水産から引き継いだもうひとつの伝統が、花毛布です。かつて日本水産が運航していた捕鯨母船や北洋サケマス母船では、船長をはじめとする上級士官の居室に、長期間厳しい環境の中で責任ある職務を遂行することへの敬意とねぎらいの気持ちを表すために、花毛布が飾られていました。

日本水産時代に捕鯨母船やサケマス母船に乗務していた船員が日本海洋事業に移り、花毛布の技術を海洋調査船に伝えました。現在では司厨部員が、船長室、機関長室、運航長（または司令）室、首席研究員室などに花毛布を飾っています。花毛布を飾るのはおもに出港時と帰港時ですが、航海中も時間がある時は飾ります。

「かいれい」司厨部の皆さん

厨房での調理作業

## ❖—❖—❖— 調査船に癒しを与える花毛布 —❖—❖—❖

首席研究員室

　海底調査のための潜水船や精密機器が搭載された調査船の中で、柔らかな花毛布は対照的な存在です。

　「かいれい」の司厨手村上透さんは、士官室担当を任された際、前任者から司厨部の仕事とともに花毛布を引き継ぎました。現在は「富士山」「薔薇」など10種類程の作品レパートリーがあります。

ホテル勤務の経験もある村上透さん

　研究者や船員が船上生活をする上で、「きちんとベッドメイクされたきれいなベッドで眠ることはとても大切」と言う村上さんは、1日3回の食事の調理と船内清掃をする中で毛布を折って飾る時間は限られており大変だが、「見てくれる人の心を少しでも癒し、快適な生活を送ることができるように」という気持ちを込めて花毛布を飾っています。

村上さんは、花毛布に遊び心を加えることが好きです。「兜」を折る時は、毛布を2か所指で押して目を作り、顔を表現します。研究員が夕食をとりに食堂へ行っている間、部屋のベッドメイクをして花毛布を飾った後、部屋を暗くしベッドの灯りだけつけて、カーテンの間から花毛布がちらりと見えるという演出をして、研究員を楽しませたこともあります。

日高由恵さんと「くじゃく」

入社6年目、宮崎県出身の司厨手日高由恵さんは、新人研修で花毛布の講習を受けたあと、日本水産から移籍した司厨長から折り方を直接教わったり、本を見ながら練習して習得しました。今では6〜7作品を折ることができます。好きな作品は「くじゃく」、得意な作品は「日の出」です。日高さんの花毛布は、温厚な人柄を反映したやさしい雰囲気が持ち味です。

日本海洋事業では、2010年12月から、司厨部新人研修に花毛布の技術指導を組み入れました。これは、船内業務に必要な知識や技術を、乗船中だけでなく陸上でも教えるという方針からです。約2週間の研修中、半日程度を花毛布を含むサービスの実習に充てています。研修を担当する海技教育機構の松田賢栄調理教育室主幹は、現場司厨長の指導にもとづき、ヒダの谷をしっかり折るように…など、具体的にポイントを押さえて説明しています。

年1回横須賀市追浜で開催されるJAMSTEC一般公開では、調査船の船内に司厨部員らが折った花毛布を展示し、見学客を楽しませています。

清水海上技術短期大学校での新人研修

JAMSTEC一般公開「かいめい」の展示

# 三島村村営フェリー(フェリーみしま)

フェリーみしま　2001年就航　1,196総トン

　「フェリーみしま」は、鹿児島港を起点として、三島村の竹島・硫黄島・黒島を結ぶ村営フェリーです。2日ごとに旅客と生活物資・車両を離島に運ぶとともに、船内には診察室兼医務室が設置され、鹿児島日赤病院から医師が乗船して各島の巡回診療を行っています。乗客が交流できるサロンや、くつろげる和室、バリアフリー設備も整っており、高齢の乗客への配慮が行き届いています。
　新学期の教員の移動や運動会などの学校行事、選挙、島で開催される大きなイベントなどに合わせて、運航スケジュールを柔軟に組んでいます。

カーペット敷きの一等和室

診察室兼医務室

　島の生活と密着した「フェリーみしま」では、新人船員は島民の顔と名前を覚えるために、必ず事務部に配属され接客を経験します。乗船する事務部員は3名で、事務長は船内放送と業務全体の統括を行い、司厨手と司厨員は接客と客室清掃を担当します。

# 会社と折り手紹介

接客が大好きな山口和彦さん

一等洋室の「マンタ」

「フェリーみしま」の一等室に花毛布を飾っているのは、硫黄島出身の司厨手、山口和彦さんです。山口さんは、マルエーフェリーOBから毛布の折り方を教わり、その後『飾り毛布 花毛布』を入手して、本を見ながら練習してきました。「花毛布は、なかなか思い通りにならないところが面白い」と言います。竹島の特産物である「竹の子」を毛布で作って飾ることもあるそうです。今後も各島にあやかった作品が登場するのが楽しみです。

········ **三島村情報** ········

| | |
|---|---|
| MISHIMA CUP | 毎年8月第2土曜日に開催されるヨットレース。全国からおよそ50艇、300名のクルーが参加します。島を挙げた手作りの大会です。三島牛一頭が贈られる抽選会も名物です。 |
| 硫黄島ジオパーク | 現在も盛んに噴煙を上げる活火山の硫黄岳（703m）と赤褐色の海、様々な種類の海中温泉により七色に染まる海岸線など、島自体が地球のエネルギーを体現しています。2015年、日本ジオパークに認定されました。 |
| 黒島平和公園 | 太平洋戦争末期、知覧や鹿屋などから出撃し、黒島に不時着して島民たちに助けられた特攻隊員が、戦友への思いと平和への祈りをこめて特攻平和観音像を建立しました。毎年慰霊祭が開かれています。 |

# 十島村村営フェリー（フェリーとしま）

フェリーとしま　2000年就航　1,391総トン

　鹿児島県十島村は、屋久島と奄美大島の間に点在する7つの有人島と5つの無人島からなる村で、この12の島は「トカラ列島」と呼ばれています。「フェリーとしま」は、鹿児島港を起点として、十島村の7つの有人島、口之島・中之島・諏訪之瀬島・平島・悪石島・小宝島・宝島と奄美大島の名瀬を結ぶ村営フェリーです。原則的に1日目は鹿児島－7島－名瀬、2日目は名瀬停泊、3日目は名瀬－7島－鹿児島、という3日間のシフトで運航されています。

　十島村へのアクセスは飛行機便はなく、フェリーのみです。「フェリーみしま」がドック入りなどで運航できない時は代船となり、逆に「フェリーとしま」が運航できない時は「フェリーみしま」を代船とする、という協力体制が取られています。「フェ

トカラ列島や7つの島の記念スタンプ

ファンネルと古い毛布に描かれた十島村村章

## 会社と折り手紹介

十島の美しい海を愛する松下鉄志さん

寝台指定客室

「フェリーみしま」と同様、旅客と生活物資コンテナ・車両を運び、島の行事やイベントに合わせて運航スケジュールを柔軟に対応しています。

「フェリーとしま」の一等客室と寝台指定客室に花毛布を飾る松下鉄志さんは宝島出身、前船「としま」で7年間乗務したあと、現「フェリーとしま」の就航時から甲板部と事務部を兼務しています。

花毛布の「朝日と水平線」は、十島村村営フェリーで代々引き継がれてきた伝統の形です。松下さんもこの花毛布を事務部の先輩から教わりました。

船体にも毛布にも描かれている十島村のシンボルマークは、7つの島の「団結と連帯感」を象徴しています。鮮やかなブルーは、十島の海の透明な美しさを表しています。

多忙な業務の中で飾る作品は1種類だけですが、客室に明るさと華やかさを添える花毛布を、これからは自分が後輩に伝えたい、と言う松下さんです。

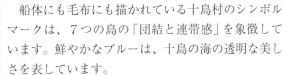

········ 十島村情報 ········

| | |
|---|---|
| トカラ列島島めぐりマラソン大会········ | 「フェリーとしま」を利用し、船内2泊で十島村の有人7島を走破する、ユニークなマラソン大会。個人とリレーグループ約100名が参加します。 |
| 「仮面神ボゼ」祭り（悪石島）········ | 鹿児島県無形文化財の「仮面神ボゼ」は、旧暦7月16日に太鼓の合図とともに現われ、棒で人々を突いたり、追いかけまわしたりします。ボゼ祭りを見学するためのツアーも実施されています。 |
| 鍾乳洞（宝島）·················· | 宝島にはたくさんの鍾乳洞があり、中でも「観音堂」と呼ばれる鍾乳洞が有名です。昔、イギリスの海賊キャプテン・キッドが財宝を隠したといわれる鍾乳洞もあります。毎年夏には小・中学生を対象に冒険アドベンチャーを実施し、キャンプ、島内探検、塩作り体験、島民との交流などを行っています。 |

# 海技教育機構（日本丸・大成丸）

日本丸　1984年就航　2,570総トン

大成丸　2014年就航　3,990総トン

　海技教育機構と航海訓練所が統合した2016年4月から、旧航海訓練所の日本丸・海王丸・大成丸・銀河丸・青雲丸の5隻は、独立行政法人海技教育機構所属の練習船として、船員養成のための航海訓練を行っています。

　航海訓練所時代の練習船では、飾り毛布は事務部員の敬意の表現として、船長室や航海士室、機関士室などに飾られてきました。練習船での実習は数か月にわたる遠洋航海が含まれることもあります。事務部員が時折折ってベッドに置く飾り毛布は、長期間の航海、厳しい規律のもとで行なわれる訓練、悪天候などで疲れた船員たちの心を癒し、元気を与えたといいます。海外の寄港地では、日本らしいおもてなしとして船内に飾られ、訪船客を歓迎したそうです。

　現在、練習船の船室に飾り毛布が飾られる機会は少なくなりましたが、一般公開や外部からの訪問者を迎える際、船の伝承技術として紹介されています。

日本丸　門司港一般公開

大成丸　一等航海士室

1974年、初代「青雲丸」に乗務して以来、5隻全ての練習船を経験してきた司厨長の中村鎮生さんは、事務部としての主要な業務（献立作成から食材の発注、積み込み、保管、仕込み、調理、盛り付け、配膳、片付け、船内清掃など）をこなしながら、多くの実習生たちの成長を見守ってきました。

練習船乗務歴40年以上の中村鎮生さん

日本丸遠洋航海出航時の登しょう礼

飾り毛布は先輩の折り方を見て覚え、基本から応用へとレパートリーを広げてきました。オリジナル作品の「日の出と波」など、自然の風景を表現した形が得意です。縦半分に折ることから始める形が多いのが特徴で、これは「ボンク」（船室のベッド）が狭いため、横に広げるより折りやすいという理由だそうです。船の揺れで崩れないように、壁に立てかける作品も多いです。

❖──❖──❖── 敬意と思いやりを伝える飾り毛布 ──❖──❖──❖

日本丸の課外活動で飾り毛布を折る実習生

大成丸で飾り毛布を体験する後輩船員

2014年の約2か月にわたる帆船日本丸の海外遠征航海では、実習生たちが課外活動として中村さんの指導のもと、飾り毛布に取り組みました。同年に就航した大成丸では、関心を抱いた同僚船員や実習生が、休憩時間に折り方を教わることもあります。「敬意」と「思いやり」を象徴する海技の伝統が若い世代にも伝わっていくことを、中村さんは願っています。

# ホテルパラディスイン相模原

神奈川県相模原市にある全70室のホテル

　ホテル「パラディスイン相模原」は、圏央道の相模原愛川インターチェンジより約10分の好アクセスの場所にあり、ビジネスや観光での宿泊に加えて、最近では海外からの宿泊も増えています。ホテル周辺には、自然豊かな公園や川、スポーツ大会なども開催される競技場、お土産に最適な「たまご街道」があり、春は車で15分ほどの、市役所通りにある桜並木のトンネルが圧巻です。

船員からホテル支配人に転身した著者

　ホテル支配人として、陸上で日本船独自の伝統文化を広めようとしているのが、本書著者の森本です。
　幼少の頃から船旅好きで、小学校4年生で既に一人旅を始め、その時神戸から乗船した九州行きのフェリーの特等室で飾り毛布を見たことが強く記憶に残りました。

関西汽船の客船フェリーで出会った花毛布

　著者はその後、国立清水海員学校(現・国立清水海上技術短期大学校)の「司ちゅう・事務科」(2006年3月廃止)に入学しました。実は、この海員学校時代に実習生として乗船した航海訓練所(現・海技教育機構)「大成丸」で飾り毛布を教わったのが、先に紹介した「大成丸」の中村鎮生司厨長でした。

会社と折り手紹介

練習船で実習中の著者（1998年函館沖）

本書の取材で師匠の中村鎮生さんと再会

海員学校を卒業後は、新日本海フェリー各船のフロント業務担当を経て、2008年からホテル「パラディスイン相模原」に着任しました。現在はホテル業務を担いながら、飾り毛布の浸透にも力を注いでいます。

◆―◆―◆― 飾り毛布はお客様への感謝のおもてなし ―◆―◆―◆

受験生の宿泊に合格祈願のメッセージを添えて

70作品以上からなる自作作品アルバムを現在も更新中の著者は、飾り毛布をお客様からのリクエストだけでなく、どこかの客室にサプライズで飾ることもあります。また、飾り毛布だけでなく「タオルアート」や、スタッフ総出で「バルーンアート」も手掛けるなど、大人から子どもまで喜んでもらえるよう演出をしています。

日本船伝統の飾り毛布を、伝統のまま語り継ぐだけではなく、ホテルや旅館等で更なる進化・成長を遂げてほしい、と著者森本は願っています。「毛布1枚で喜ばれるおもてなし、飾り毛布を始めてみませんか？」

143

# 海外クルーズ客船のおもてなし

海外のクルーズ客船では、ベッドスローを使った「ベッドスローアート」や、バスタオルやフェイスタオルで動物を作る「タオルアート」、またフルーツ等を使った「フルーツカービング」などでお客様を楽しませています。(著者撮影)

### ベッドスローアート　Costa Classica にて

### タオルアート　Diamond Princess にて

### フルーツカービング　Diamond Princess にて

> 継承の取り組み

# 青函連絡船メモリアルシップ八甲田丸

青森と函館を結ぶ青函連絡船が就航したのは1908年、以来80年間にわたり国鉄とJRにより運航されました。八甲田丸は高速自動化船7隻の第2船として建造され、歴代55隻の青函連絡船のうち、最も長い23年7か月の間、津軽海峡を往復しました。青函トンネルが開業した1988年3月13日には函館行き最終便としての大役も務めました。

八甲田丸　1964年～1988年　8,314総トン

青森港の活性化に力を注ぐ田村さん

八甲田丸は現役引退後、1990年7月から「青函連絡船メモリアルシップ八甲田丸」として一般公開されています。2012年7月にかつての僚船羊蹄丸から「青函ワールド」の移設が行われ、昭和30年代の青森駅周辺が再現されています。

八甲田丸スタッフの皆さん

係留船はその維持管理が容易ではありませんが、葛西鎌司元八甲田丸機関長を中心とした署名活動により、青森市は八甲田丸存続のための老朽化対策工事を実施しました。事業部長の田村隆文さんは、八甲田丸の存続を青森港の活性化につなげようと、車両甲板での市民劇を開催するなど施設の活用を図っています。

ボランティアガイドとして活躍する葛西鎌司さん

2015年12月、八甲田丸は大規模リニューアルで鮮やかな白と黄色の船体を取り戻し、青森のシンボルとして、毎日正午に青森港に汽笛を響かせています。八甲田丸の最終航海を務めた葛西さんは、「今後30年、40年後も見据え、船体喫水線付近の強化工事を実現させたい。」と、熱意を込めて保存活動を続けています。

### 継承の取り組み

　八甲田丸では、鉄道連絡船としての「航跡」を紹介する中で、飾り毛布の継承にも力を入れています。エントランスや資料展示コーナーの他に、船長室・事務長室・寝台室にも作品を飾って、運航当時を再現しています。

3階寝台室

資料展示コーナー

　飾り毛布の船上イベントとしては、2010年8月の本書著者上杉による講演会、2014年8月の「八甲田丸就航50周年記念フォーラム」での飾り毛布実演などを実施しました。2016年夏には、北海道新幹線開通に合わせた「青森県・函館ディスティネーションキャンペーン」の一環として、実演と体験会を開催しました。

#### ❖─❖─❖─ 青函連絡船の船上でこの飾り毛布を繋げたい ─❖─❖─❖

八甲田丸リニューアルオープンでの実演

著者吉田から伝統技術を引き継ぐ柴野さん

　青函連絡船の事務部員として乗船勤務していた著者吉田が、青函連絡船の飾り毛布の後継者として期待を託すのが、八甲田丸スタッフの柴野紗智子さんです。既に多くの伝統作品を習得している柴野さんは、「この八甲田丸で伝承していくことの大切さを感じ、奥深い魅力をお伝えしたい」と、業務の合間に時間を惜しまず練習し、その成果は船上での実演で着実に発揮されています。

# 八甲田丸船内の見どころ

八甲田丸は、青函連絡船と青森市の歴史を伝承する貴重なメモリアルシップ。
その見どころを紹介します。

## 1. 青函ワールド

昭和30年代の青森駅前と連絡船待合室の様子を再現したジオラマから、当時の活気が伝わってきます。

## 2. 車両甲板

青函連絡船は、船内のレール4線上に最大48両の貨車を積んで本州と北海道間の物流を担っていました。当時実際に使われていた郵便車両や貨物車など、車両9両が展示されています。

## 3. エンジンルーム

連絡船を動かしていた当時最先端の巨大なエンジンシステムは、船の心臓とも言えるもの。今にも動き出しそうなエネルギーを感じます。

## 4. 煙突展望台

4階の航海甲板から煙突に登り、津軽海峡の風に吹かれながら青森市内や陸奥湾を360度見渡しましょう。

> 継承の取り組み

# 明海大学ホスピタリティ・ツーリズム学部（上杉ゼミ）

　明海大学ホスピタリティ・ツーリズム学部は、2005年4月、千葉県浦安市にある明海大学に新設されました。以来、ホテル、エアライン、旅行、ブライダルを中心とする幅広いサービス業界に、「ホスピタリティマインド（おもてなしの心）」と社会に通用する実践力を備えた人材を送り出しています。東京ディズニーリゾートに隣接し、沢山の観光関連施設に囲まれた立地を十分に活かして、多数の現場見学や実地研修の機会を学生たちに提供しています。

明海大学浦安キャンパス

　ホスピタリティ・ツーリズム学部の上杉ゼミでは、「日本伝統のおもてなし」の良さを再発見する体験授業を組み入れています。日本船独自のおもてなしの技術を学ぶ「飾り毛布実習」は、このゼミならではの体験です。

　実習では、元船員で本書著者の吉田・森本が、毛布の折り方の基礎から応用まで、身振り手振りを交えて丁寧に指導します。ほとんどの学生たちは初めて目にする飾り毛布に新鮮な驚きを感じながら、毛布を折る練習に熱心に取り組んでいます。

　2011年度には、商船三井客船「にっぽん丸」の粟戸健二郎客室マネージャーと、航海訓練所（現・海技教育機構）の中村鎮生司厨長が来校、毛布の折り方を学生たちに伝授するとともに、粟戸マネージャーは、客船におけるホスピタリティとサービス、客室マネージャーの仕事について、中村司厨長は、練習船の規律の厳しさやチーム

ワークの大切さについて、それぞれ実体験を交えながら語り、学生たちは船上で働くことの苦楽に感銘を受けました。

粟戸マネージャーの熱のこもった指導

折り方のコツを伝授する中村司厨長

### ❖─❖─❖─ 若い世代に日本船の伝統を引き継ぎたい ─❖─❖─❖

「飾り毛布実習」の成果は、学外でも発揮されています。2010年夏の船の科学館のイベントでは、学生たちがボランティアとして「飾り毛布実演」を手伝いました。2010年度から2014年度は、世界各国から旅行・観光業界が出展する「ツーリズムEXPOジャパン」の明海大学出展ブースで、学生たちが「飾り毛布体験教室」を開催しました。

「帆船日本丸」の飯田船長と
飾り毛布ボランティアメンバー

2016年6月には、横浜みなとみらいの「帆船日本丸」で、学生13名が飾り毛布展示リニューアルを行いました。学生たちは1人1作品を担当し、自主的に練習を重ねました。リニューアル当日は飯田敏夫船長の指揮のもと、船長室や航海士室など9室にそれぞれの作品を展示しました。帆船日本丸では今後も定期的に、学生たちによる飾り毛布の模様替えを行っていく予定です。

一等航海士室に展示されている「兜」

上杉ゼミでは今後も実習を通して日本船の伝統を伝えていきます。学生たちが将来、飾り毛布で学んだおもてなしの心を発揮する機会を期待しています。

**継承の取り組み**

# 神奈川県立海洋科学高等学校（花毛布課題研究グループ）

横須賀市にある神奈川県立海洋科学高等学校は、2008年4月に神奈川県立三崎水産高等学校から改編された、県下唯一の海洋系高校です。「海を知り　海を守り　海を拓く」という校訓のもと、海洋のスペシャリストの育成教育を展開しています。水産や海洋科学の基礎科目から海洋文学や海洋英語、海洋数学などの専門科目まで、生徒の関心に応じた幅広く柔軟な授業を行なっています。

実習船「湘南丸」を所有する海洋科学高校

若林庸夫先生と2012年度課題研究グループ

旧航海訓練所練習船の機関士だった若林庸夫先生は、「課題研究」における研究テーマとして花毛布を選んだ生徒たちの指導にあたっています。

若林先生は、花毛布に取り組むようになったきっかけについて、次のように語ります。

「1979年頃、三等機関士だった私のボンクにも、司厨員が毛布を折って飾ってくれました。初めて見た時には、毛布をこのように飾ることができるということに感動し、自分でも折ってみたいと思って、ひそかに折り方を真似したこともありました。しかし当時、花毛布は毎日あたりまえのように飾られていたため、写真に残しておこうという考えは思いつきませんでした。」

「教員に転じて20年近く過ぎ、本校の課題研究を充実させようと、生徒が取り組みやすく楽しいテーマを探しているうちに、花毛布が研究対象になることを知りました。」

こうして海洋科学高校では、2010年4月から花毛布をテーマにした課題研究が本格的に始まり、2010年度1名、2011年度4名、2012年度5名、2014年度1名、2015年度1名が花毛布に取り組んできました。

## ❖—❖—❖— 花毛布を通して生徒たちの活動の場を広げたい —❖—❖—❖

　2010年度は花毛布関連のイベントに積極的に参加し、情報収集をしました。2010年12月に横浜国立大学で開催された「総合的な学習成果発表会」では、「花毛布の歴史と継承」というテーマで発表を行い、スライド映写と花毛布の実演が評価されて、見事「プレゼンテーション賞」を受賞しました。

実演が評価され「プレゼン賞」受賞

　2011年度には4名のチームが「神奈川県産業教育フェア」で学校代表として発表を行ない、花毛布の展示もしました。

神奈川県産業教育フェアでの発表

展示された研究の成果

明海大学上杉ゼミとの合同練習

　2012年度は、毛布を折る練習をしながら、作品の折り方の手順を撮影して解説書にまとめました。花毛布を通して生徒たちの活動範囲を学外に広げ、交流の場を作ろうという若林先生の方針で、明海大学上杉ゼミの飾り毛布研究班との合同練習も行いました。

　2016年度も生徒1名が、毎年1月に行われる学内の発表会に向けて、横浜の帆船日本丸や日本郵船歴史博物館、氷川丸を見学し、研究を深めるための取材を着実に進めています。日本船の文化の継承を担う若い世代の取り組みのひとつとして、今後も海洋科学高校・花毛布課題研究グループの活躍に期待がかかります。

# 飾り毛布・花毛布の展示船紹介

## 日本郵船氷川丸

氷川丸　1930年就航　11,622総トン

氷川丸は、先進的ディーゼル機関を搭載し、アールデコ様式の内装が施された貨客船です。シアトル航路に就航し、1960年の現役引退までに、北太平洋254回の横断を遂げています。2008年4月「日本郵船氷川丸」としてリニューアル。2016年には海上保存船舶としては初めて重要文化財に指定されました。

飾り毛布は、公開されている客室で見学できます。現役運航当時は、上級客室だけではなく、ツーリスト・キャビンにも飾られていました。

〒231-0023
神奈川県横浜市中区山下町山下公園地先　045-641-4362
URL　　：http://www.nyk.com/rekishi
休館日　：月曜日（祝日の場合は、翌平日休館）・他
開館時間：10:00～17:00
入館料金：大人　300円（各種割引・セット券あり）
管理団体：日本郵船株式会社

## 函館市青函連絡船記念館 摩周丸

2代目摩周丸　1965年就航　8,328総トン

2代目摩周丸は、青函連絡船終航の1988年3月13日まで運航され、1991年4月から公開開始、操舵室・無線通信室が見学できるほか、非公開区画観覧システムや1949年から終航までの運航ダイヤ一覧があります。2008年度に経済産業省の近代化産業遺産、2011年度に日本機械学会の機械遺産認定を受けています。

飾り毛布は、3階展示室に展示されています。千﨑巌元事務長作の飾り毛布ミニチュア14点や、菊地精一元船客長作「大輪」が飾られています。

〒040-0063
北海道函館市若松町12番地先　0138-27-2500
URL　　：http://www.mashumaru.com
休館日　：なし
開館時間：9:00～17:00（4～10月 8:30～18:00）
入館料金：大人　500円（各種割引あり）
管理団体：特定非営利活動法人語りつぐ青函連絡船の会

## 帆船日本丸・横浜みなと博物館

帆船日本丸　1930年就航　2,278総トン

帆船日本丸は、船員を養成する練習帆船で、1984年の引退まで54年間に、約11,500名もの実習生を育てました。みなとみらい21地区の石造りドックに現役当時のまま保存され、1985年から公開されています。船の生活を体験する海洋教室や総帆展帆を行い、帆船の素晴らしさ、楽しさを伝えています。

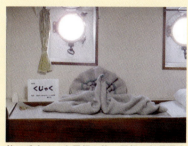
飾り毛布は、上甲板と第二甲板の船員居室9室のベッドに飾られています。今後も飾り毛布継承に取り組む学生たちにより定期的に模様替えを行っていく予定です。

〒220-0012
神奈川県横浜市西区みなとみらい2-1-1　045-221-0280
URL　　　：http://www.nippon-maru.or.jp/
休館日　　：月曜日（祝日の場合は、翌日休館）・他
開館時間　：10:00～17:00（季節により変動あり）
入館料金　：大人 600円（各種割引・単館券あり）
管理団体　：帆船日本丸記念財団・
　　　　　　JTBコミュニケーションデザイン共同事業体

## エル・マール まいづる

エル・マールまいづる

エル・マールまいづるは、関西電力（株）舞鶴発電所のPR館として、2004年に開館しました。豪華客船をイメージした船舶型の施設では、エネルギーや客船の歴史・文化などを学習できます。また、日本初の海上プラネタリウムを楽しむこともできます。

船の体験館（2F）には、商船三井客船製作のバリエーション豊かなミニチュアの花毛布15点が、解説とともに展示されています。

〒625-0135
京都府舞鶴市字千歳（舞鶴親海公園内）　0773-68-1090
URL　　　：http://www.kepco.co.jp/pr/elmar/
休館日　　：火・水曜日（祝日の場合は翌営業日）、
　　　　　　年末年始（12/29～1/3）
開館時間　：9:30～17:30
入館料金　：無料 プラネタリウム：有料（高校生以上
　　　　　　200円、小・中学生100円）
管理団体　：関西電力株式会社

# 折り方ページ 作品と折り手一覧

| No. | 折り方ページ | 作品名 | 折り手 |
|---|---|---|---|
| 1 | 46 | 大輪 | 柴野紗智子 |
| 2 | 48 | 花二輪 1 | 粟戸健二郎 |
| 3 | 50 | 花二輪 2 | 中村鎮生 |
| 4 | 52 | 薔薇 1 | 粟戸健二郎 |
| 5 | 54 | 薔薇 2 | 吉田孝志 |
| 6 | 56 | 桜 | 吉田孝志 |
| 7 | 58 | 八重桜 | 森本泰行 |
| 8 | 60 | 花 | 三原忠則 |
| 9 | 62 | 一輪挿し | 大崎芳勝 |
| 10 | 64 | 四つ葉のクローバー | 森本泰行 |
| 11 | 66 | 菊水 1 | 今村義一 |
| 12 | 68 | 菊水 2 | 吉田孝志 |
| 13 | 70 | 観音菩薩 | 中村鎮生 |
| 14 | 72 | 松竹梅 | 吉田孝志 |
| 15 | 74 | 富士山 1 | 村上透 |
| 16 | 76 | 富士山 2 | 柴野紗智子 |
| 17 | 78 | 日の出 1 | 粟戸健二郎 |
| 18 | 80 | 日の出 2 | 日高由恵 |
| 19 | 82 | 日の出と波 | 中村鎮生 |
| 20 | 84 | 桜島と錦江湾 | 三原忠則 |

| No. | 折り方ページ | 作品名 | 折り手 |
|---|---|---|---|
| 21 | 86 | 門松 | 吉田孝志 |
| 22 | 88 | 雛飾り | 今村義一 |
| 23 | 90 | 椿 | 石関利幹 |
| 24 | 91 | 竹の子 | 吉田孝志 |
| 25 | 92 | 兜 | 大崎芳勝 |
| 26 | 94 | 桃 | 平野真也<br>八ヶ代成一 |
| 27 | 96 | 二枚貝 | 小林義治 |
| 28 | 98 | マンタ | 上杉恵美 |
| 29 | 100 | いか | 森本泰行 |
| 30 | 101 | 帆掛け舟 | 吉田孝志 |
| 31 | 102 | 貝 | 石関利幹 |
| 32 | 103 | ひつじ | 吉田孝志 |
| 33 | 104 | にわとり | 大崎芳勝 |
| 34 | 106 | くじゃく | 粟戸健二郎 |
| 35 | 108 | 金魚 | 石関利幹 |
| 36 | 110 | へび | 石関利幹 |
| 37 | 112 | 王冠 | 森本泰行 |
| 38 | 114 | ハート | 森本泰行 |

[ 参考文献 ]

『海の上の国、にっぽん丸コンプリートガイド』東京ニュース通信社（2010）
『大阪商船株式会社八十年史』大阪商船株式会社編（1966）
『大阪商船三井船舶創業百年史』大阪商船三井船舶株式会社編（1985）
『航海訓練所五十年史』航海訓練所五十年史編集委員会編（1993）
『航跡』日本郵船株式会社広報グループ編（2004）
『航跡—青函連絡船70年のあゆみ』日本国有鉄道青函船舶鉄道管理局編（1978）
『国際航海のエチケット』橋本進・斎藤重信　成山堂書店（1983）
『青函連絡船　栄光の航跡』北海道旅客鉄道株式会社編（1988）
『日本海洋事業 30年の歩み』日本海洋事業株式会社編（2010）
『日本郵船株式会社百年史』日本郵船株式会社編（1988）
『船のアルバム』露崎英彦（1996）
「郵船図会」（『風俗画報　臨時増刊号』）東陽堂（1901）
「洋上のホスピタリティ—戦前の日本の豪華客船が誇った最高のサービス—」上杉恵美
　　　『明海大学 Journal of Hospitality and Tourism Vol.3, No.1』（2007）
「近現代の日本船における「花毛布」の継承」上杉恵美
　　　『明海大学 Journal of Hospitality and Tourism Vol.4, No.1』（2008）
「1900〜30年代の日本船における「花毛布」の普及」上杉恵美
　　　『明海大学 Journal of Hospitality and Tourism Vol.7, No.1』（2011）
「「郵船図会」を通して知る明治期の客船のホスピタリティ」上杉恵美
　　　『明海大学 Journal of Hospitality and Tourism Vol.10, No.1』（2014）

[ 資料提供・取材協力 ]

奄美海運株式会社　宇和島運輸株式会社　エル・マールまいづる
神奈川県立海洋科学高等学校　株式会社商船三井　国立研究開発法人海洋研究開発機構
商船三井客船株式会社　神新汽船株式会社　青函連絡船メモリアルシップ八甲田丸
鉄道博物館　独立行政法人海技教育機構　十島村村営フェリー　にっぽん丸
日本海事科学振興財団船の科学館　日本海洋事業株式会社　日本郵船歴史博物館
函館市青函連絡船記念館摩周丸　パラダイスイン相模原
帆船日本丸・横浜みなと博物館　マルエーフェリー株式会社　三島村村営フェリー
明海大学　今村義一　露崎英彦　（敬称略）

# 謝　辞

　本書出版にあたりましては、沢山の皆様から多大なご協力をいただきました。

　船の現場の皆様、快く取材に応じていただき、ありがとうございました。乗船取材の機会を与えてくださいました各社ならびに関係者の皆様に、心より感謝申し上げます。
　宮園玄登様と宇和島運輸株式会社の松岡正幸様には、取材以外にも毛布の提供や現地の案内などで大変お世話になりました。マルエーフェリーOBの今村義一様は現役当時の貴重な写真や資料を提供してくださり、長濱守雄様は三島村との接点を作ってくださいました。
　日本海洋事業株式会社の大石美澄様には、前著出版時から取材の調整や資料提供でお世話になっております。変わらぬご支援に感謝いたします。
　著者森本の海員学校時代の恩師でもある海技教育機構の松田賢栄様は、取材へのご協力に加え、本書の毛布の折り方ページにイラストを提供してくださいました。ありがとうございました。
　日本海事科学振興財団船の科学館の浅川利昭様をはじめ学芸部の皆様には、講演会と飾り毛布実演のためにいつも多大なご協力をいただいております。
　青函連絡船史料研究会の皆様、いつも実演開催へのご支援をありがとうございます。
　帆船日本丸記念財団の飯田敏夫様、由緒ある「帆船日本丸」で学生たちが飾り毛布を展示する機会を与えてくださいまして、ありがとうございました。
　明海大学の宮地悠哉さんはビデオ撮影、同大学OBの笠井勇吾さんは動画編集で大事な役割を果たしてくれました。
　明海大学上杉ゼミの皆さん、神奈川県立海洋科学高校で花毛布課題研究に取り組む皆さん、飾り毛布に積極的に取り組んでくれて、ありがとう。今後の研究と継承活動の励みになります。
　最後に、海文堂出版編集部の岩本登志雄様には、前著に続き本書の出版でもたいへんお世話になりました。

　ここに、心から感謝と御礼を申し上げます。

2016年10月

上杉恵美　吉田孝志　森本泰行

## Decorated Blankets
### —A Unique Tradition of Hospitality Provided on Modern Japanese Ships—

*Kazari-moufu* (decorated blankets), which is also called *hana-moufu* (floral blankets), have been a unique tradition of Japanese ships over 110 years. In the 1920's and 30's when Japanese passenger liners boasted their luxurious facilities and high-quality services, the waiters provided guests with blankets which were folded into a variety of shapes such as flowers, animals, mountains, rocks, etc. They were used as bed ornaments so that passengers could enjoy their stay in the cabins during their voyages. Nowadays, however, they are provided only in a limited number of passenger liners, marine research ships and training ships.

In this book, we are pleased to introduce a lot of different types of the traditional *kazari-moufu* or *hana-moufu* and also some new ones created by a sea-loving hotelier. We hope readers will enjoy folding blankets by themselves and enhance their creativity.

*Kazari-moufu* or *hana-moufu* have interesting historical aspects, but there are few records or manuals left because they have been handed down by gestural communication among ship clew. We think it is our mission to introduce this tradition widely to the public and share their uniqueness and hospitality mind nurtured on the sea over 110 years with more people.

We hope *kazari-moufu* or *hana-moufu* will be reevaluated as outstanding expressions of hospitality and carried on both on the land and the sea.

October 2016

*Megumi Uesugi*
*Takashi Yoshida*
*Yasuyuki Morimoto*

## 折り方を動画でご覧いただけます

(http://www.kaibundo.jp/moufu.htm からダウンロードできます)

　折り方のページでは表現しにくい手順を動画で参考にしていただくとともに、各船会社の航路や風景、船室の様子なども併せてご覧ください。

| 動画タイトル（船名等） | 作品名 | 作品ページ | 折り方ページ | 会社紹介ページ |
|---|---|---|---|---|
| にっぽん丸 | 花二輪<br>薔薇1<br>日の出1 | ＊<br>16<br>25 | ＊<br>52<br>78 | 116 |
| フェリーあけぼの | 桃<br>雛飾り（女雛・男雛） | 32<br>29 | 94<br>88 | 120 |
| フェリーあまみ | 桜島と錦江湾<br>花タオル | 27<br>＊ | 84<br>＊ | 124 |
| あかつき丸 | にわとり | 36 | 104 | 127 |
| フェリーあぜりあ | へび<br>金魚 | 38<br>38 | 110<br>108 | 130 |
| かいれい | くじゃく<br>日の出2 | ＊<br>25 | ＊<br>80 | 133 |
| 大成丸 | 花二輪2<br>日の出と波 | 15<br>26 | 50<br>82 | 140 |
| ホテル<br>パラディスイン相模原 | 八重桜<br>四つ葉のクローバー | 17<br>20 | 58<br>64 | 142 |
| 青函連絡船<br>メモリアルシップ八甲田丸 | 大輪<br>菊水2 | 14<br>21 | 46<br>68 | 145 |

＊印のある作品は、同一の作品・折り方を本書には掲載していません。

【著者略歴】

**上杉恵美**（うえすぎめぐみ）
1960年千葉県生まれ。学習院大学人文科学科イギリス文学専攻博士前期課程修了。明海大学ホスピタリティ・ツーリズム学部教授。ゼミのテーマは、「日本を英語で案内しよう」。
「客船のホスピタリティ」に関する資料収集のため訪れた博物館で飾り毛布に出会い、以来、飾り毛布に関する調査研究活動を始める。2009年7月から大学ゼミで「飾り毛布実習」を行い、飾り毛布を通して学生たちに日本独自のおもてなしを学ぶ場と船への関心を抱く機会を提供している。

**吉田孝志**（よしだたかし）
1959年北海道長万部町生まれ。1978年、国鉄青函連絡船の事務部乗組員として、津軽丸、石狩丸などに乗船勤務。上司の飾り毛布の妙技に魅了され、この伝統に関心を抱く。1988年、青函連絡船の終航により、東日本旅客鉄道株式会社に転属。現在は横浜支社相模原運輸区で運転士として勤務している。
2009年7月から、明海大学上杉ゼミの「飾り毛布実習」で、飾り毛布の折り方の指導を開始。船の科学館・羊蹄丸での「飾り毛布実演」を経て、青函連絡船史料研究会の講演会等を通じ、飾り毛布の継承と普及に努めている。

**森本泰行**（もりもとやすゆき）
1980年兵庫県生まれ。国立清水海員学校司ちゅう・事務科を卒業後、新日本海フェリー株式会社に入社し、事務部乗組員として乗船勤務。
現在は、ホテルパラディスイン相模原の取締役支配人として、ホテル業務を担いながら飾り毛布の浸透に力を注ぐ。
小学生の頃に乗船したフェリーの客室で見た花毛布に感銘を受け資料収集を続ける。2010年12月、船の科学館羊蹄丸での飾り毛布実演の見学を機に、上杉・吉田の飾り毛布継承活動に合流。2013年6月から明海大学の上杉ゼミの飾り毛布実習で折り方の指導を開始。

---

ISBN978-4-303-63439-1

**飾り毛布 花毛布 新38選 あたたかい日本のおもてなし**

2016年11月15日　初版発行　　Ⓒ M. UESUGI／T. YOSHIDA／Y. MORIMOTO　2016

著　者　上杉恵美・吉田孝志・森本泰行　　　　　　　　　　　　　　　検印省略
発行者　岡田節夫
発行所　海文堂出版株式会社
　　　　本社　東京都文京区水道2-5-4（〒112-0005）
　　　　　　　電話 03（3815）3291㈹　FAX 03（3815）3953
　　　　　　　http://www.kaibundo.jp/
　　　　支社　神戸市中央区元町通3-5-10（〒650-0022）
日本書籍出版協会会員・工学書協会会員・自然科学書協会会員

PRINTED IN JAPAN　　　　　　　　　　　　　印刷　田口整版／製本　誠製本

JCOPY　＜(社)出版者著作権管理機構　委託出版物＞
本書の無断複写は著作権法上での例外を除き禁じられています。複写される場合は、そのつど事前に、(社)出版者著作権管理機構（電話 03-3513-6969, FAX 03-3513-6979, e-mail: info@jcopy.or.jp）の許諾を得てください。